環状第８号線全体図

東京都建設局『工事概要』（2007 年３月）より

工事区間：板橋区相生町～練馬区北町

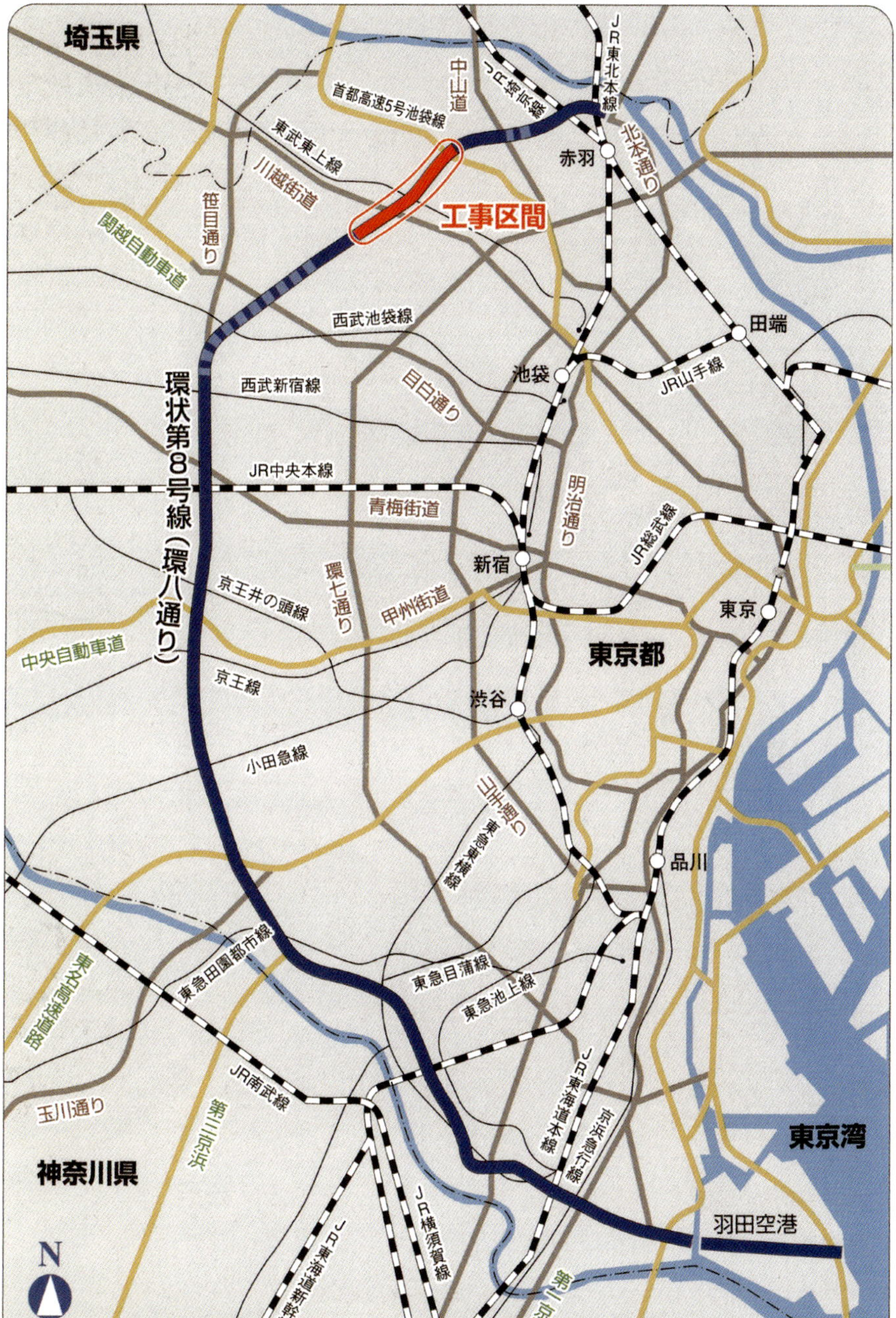

補助第249号線
西台公園
旧若葉
小学校
公社中台住宅

都営中台アパート
志村消防署
首都高速5号池袋線
平成19年3月撮影

工事区間（東上線〜相生町）の航空写真　東京都建設局『工事概要』（2007年3月）より

工事前の環8建設地域　相生町から若木、西台方面を見る（2002年5月）

西台1丁目南交差点　（2014年1月）

「環境を守れ」と四建交渉　(2005年7月)

板橋区の工事区間は、相生町交差点から北区との区境まで（道路の拡幅）と、相生町交差点から東武東上線まで（道路の新設、工事は練馬区北町の川越街道まで）に分かれます。

環８運動の主戦場になったのは、原道がなく、緑を破壊しての道路づくりとなった相生町交差点〜東武東上線でした。

なお、中山道と環８道路の立体交差の問題は、「計画はあるが実施は未定」（二〇一八年五月、四建回答）とのことです。

「話し合いがつくまで自然林を伐採するな」

立ち上がった地域住民（2003 年 1 月）

自然林に咲いたキンラン

キンラン：らん科、絶滅危惧種Ⅱ類

自然林を追われたタヌキ

環８運動 30 年記念のつどい

2018 年 11 月 11 日、中台地域センター

若葉小学校

創立 30 周年記念誌『わかば』（2001 年 12 月）より

環８運動の略年表

1988 年	環８道路から住民のくらしと環境を守る会（略称·環８の会）が結成される。これに先立ち、２年前の 1986 年に「環八を考える準備会」が発足した。 当時、鈴木東京都政のもとで、環８道路建設の「凍結」が解除され、板橋区内では相生町～北区との区境（拡幅）と、相生町～練馬区北町（新設）の道路建設が日程にのぼっていた。
1989 年	環８の会の機関紙『環８ニュース』が創刊される。
1990 年	東京都が『環境影響評価書案』の住民説明会を開催。1992 年に『環境影響評価書』を発表。 相生町～北区の道路拡幅工事と、相生町～練馬区の道路用地の買収が始まった。 環８の会は、拡幅部分の環境対策、生活再建ができる立退き補償、相生町交差点の地下化などを求めて運動。 二酸化窒素（NO2）の測定運動を開始した。
2002 年	『工事説明会』が開催され、工事が始まる。 環８の会は、「緑と環境、くらしを守れ」を合言葉に、沿線住民の要求をかかげてたたかう。このたたかいは、今日もつづいている。
2003 年	板橋区が、若葉小学校の廃校について住民説明会を開く。 2005 年に若葉小学校は廃校となった。その後 10 年余、跡地の住民本位の活用をめぐる運動が展開された。
2006 年	環８本線の工事が完了し、本線の全線が開通した。2009 年に側道が開通。しかし、課題は残された。環８の会はその後、残された課題・要求の解決のために奮闘した。
2018 年	環８の会は、11 月に「環８運動 30 年記念のつどい」を開催。30 年の運動を総括し、確信を深めた。

■資料、写真の提供

武井實、田代重延、山内金久、岩崎隆一、松木幹治、越前敏勝
内藤徳夫、岩本清太郎、佐藤洋子

環8の会結成三〇年

私たちの環8物語

～続『環8板橋 怒れ住民』～

佐藤　政美

目　次

はじめに……………………………………5
序章　～プロローグ～……………………………9
第1章　環8運動の黎明期…………………………13
（1）環8の会結成の前と後――14
（2）人間優先の道路に――16
（3）環8運動と中台住宅自治会――19
第2章　公害道路はゴメンだ………………………23
（1）環8雲のナゾを探れ――24
（2）大気汚染の測定運動――26
（3）〝緑と環境〟の源流――31

第３章　環境を守るために道路構造をどうするか？……35
（１）三つの難関――36
（２）補助２４９号線との接続と全面地下化の問題――38
第４章　北町・若木トンネルの構造をめぐって……41
（１）練馬・板橋両区の共同の運動の成果――42
（２）トンネル周辺の環境改善をめざして――43
第５章　立退き補償と工事被害の損害賠償……47
（１）生活再建ができる買収条件を――48
（２）工事被害の損害賠償――50
（３）都議会と都議会議員――53

第6章　若葉小学校の今昔
閉校から若葉ゆめの園へ……57
(1) 若葉小学校と環8道路――58
(2) 住民本位の活用をめざして――59
(3) 六メートル道路の〝怪〟――61
(4)「若葉小跡地を考える会」のこと――64
終　章　～エピローグ～……67
(1) 住民の要望と関心をさぐる――68
(2) 三〇年の運動の成果と課題――69
(3) 三〇周年記念のつどい――76

はじめに

環8運動は三〇年の節目を通過しました。

当初の運動を担った方たちの多くは、この世を去るか、高齢や病気、転居のため、第一線を離れました。沿線住民の構成も、沿線の風景もだいぶ変わりました。

いま、東京の道路問題、道路運動の焦点は、特定整備路線や東京外環道などに移り、環8道路や環7道路の問題は、影が薄くなってきています。

このままでは、運動の記憶も記録も消え去ってしまうのではないか。私は、環8運動三〇年の記憶を残そうと思いたちました。

私は、二〇一一年九月、環8運動の一〇年をまとめて『環8板橋 怒れ住民』という本を出しました。二年後の二〇一三年九月には、『改訂版』を出しました。

こんどの『私たちの環8物語』は、その続編ともいうべきものです。

私が環8運動に参加したのは二〇〇一年からです。それ以前の約一二年間のことは体験をしていません。そのため、残された古い文書やニュースなどの資料を蒐集しました。その一点一点の資料には、先輩たちの苦労と汗がにじんでいます。

古い資料や写真を提供してくださったのは、相生町の武井實さん、元区議会議員の山内金久さん、亡くなられた田代重延さんの奥さんらです。

若葉小学校の今昔のところは、環8道路との関連の視点からとりあげ、松木幹治さんから資料や写真をお借りしました。

また、多くの方からご支援をいただきました。

心からお礼を申しあげます。

二〇〇一年以降については、ぼう大な資料が私の手もとに残っています。運動を記録したノートも三八冊にのぼります。放置すれば紙屑同然だし、まとめようとすれば長文の単なる記録になってしまいます。

そこで、光をあてるものを、〝私流〟にまとめて、つぎの七点にしぼりました。

〝私流〟とは、字数をできるかぎり少なくし、写真や資料を多くすることと、事実関係に間違いがないよう目を配ることです。本文の字数を少なくしたことで、運動の多彩な色合いをうまく出せたでしょうか。

率直にいって、資料や写真の探索と取捨選択に翻弄されました。

①環8の会の結成の前後と、一九〇〇年代の運動。

②〝緑と環境〟の源流。

③環8道路と補助249号線の接続の問題。
　全面地下化の運動。

④環8道路と東武東上線との交差の問題。
⑤立退き補償と工事被害の損害賠償問題。
⑥若葉小学校の今昔。
閉校から若葉ゆめの園へ。
⑦環8運動の現在。
なお、環8運動の前途には、若い世代にどう引き継ぐかという、世代継承の課題が重くのしかかっています。

二〇一九年六月

佐藤　政美

序章　～プロローグ～

ギンラン（西台公園）

■環8道路とは

環8道路（環状第8号線）は、大田区羽田空港を起点として、世田谷、杉並、練馬、板橋などの各区を経由して北区岩淵町にいたる都市計画道路で、総延長が四四・二キロメートル。

板橋部分は、相生町交差点～北区との区境（二・三キロメートル、道路の拡幅）と、相生町交差点～東武東上線（一・八キロメートル、道路の新設）に分けて工事がおこなわれた。

板橋部分は東武東上線が練馬区との区境だが、工事は練馬区北町・川越街道までで、ここは最後の工事区間となった。

二〇〇六年に本線の全線が開通し、二〇〇九年には側道が開通した。

■〝緑と環境〟

環8の会（環8道路から住民のくらしと環境を守る会）が誕生したのは、一九八八年一一月だから、ちょうど三〇年余になる。

環8運動が三〇年も生き続けている秘密は、どこにあるのだろうか。私は、〝緑と環境〟をかかげてがんばってきた会員のみなさんの熱意と、沿線に広がった共感のうねりではないか、と思う。

環8の会の会員数は、多いときの会費納入数が二〇〇人（世帯）ほどに過ぎない。わずか二〇〇人だが、その背後には東京都も驚くほど多くの住民がひかえていた。中台住宅自治会やサンシティ管理組合・D棟委員会、相生町西町会などは、直接力を貸してくれた。「緑と環境を守れ」という都知事あて署名と板橋区議会あて署名には、沿線の一八人の町会長・自治会長・管理組合理事長が賛同署名をしてくれた。

住民だけでは、強大な東京都に立ち向かうには力が弱い。声をあげただけで、蹴散らされてしまう。そこで、板橋区・区議会と手を組んで、東京都にあたる道を選んだ。つまり、「2対1」の構図をつくる努力をした。区と区議会から都への意見書・要望書は、一八件にのぼった。

■みんなでかんばった

環8の会と沿線住民は、〝緑と環境〟をかかげて、強大な東京都に立ち向かい、一つひとつみんなの要望を解決した。

その中心になったのは、環8の会の役員（世話人）である。二〇一〇年度の役員名簿をみると、世話人は代表世話人三人、事務局長と会計を含めて二五人。相談役が三人（内二人は区議会議員）。二五人の役員は、相生町周辺、西台公園周辺、中台住宅周辺、東上線トンネル周辺の四つの地域から選ばれた。

総会は、年一回開催した。

■運動の絆・『環8ニュース』

環8の会の機関紙『環8ニュース』は、一九八九年二月に創刊された。「会」と会員、「会」と沿線住民を結ぶ絆として、また運動のよりどころとして、大きな役割を果たしてきた。多いときの発行部数は、三、〇〇〇部。最新号は、二〇一九年一月発行の一二二号で、二、一〇〇部。

『環8ニュース』は、通常号のほか号外などがある。号外の発行回数は一〇〇号ほど、役員と関係者向けの『速報・環8の会の連絡』は一八七号発行した。

『環8ニュース』の創刊号と最新号

環8運動の主戦場となった地域

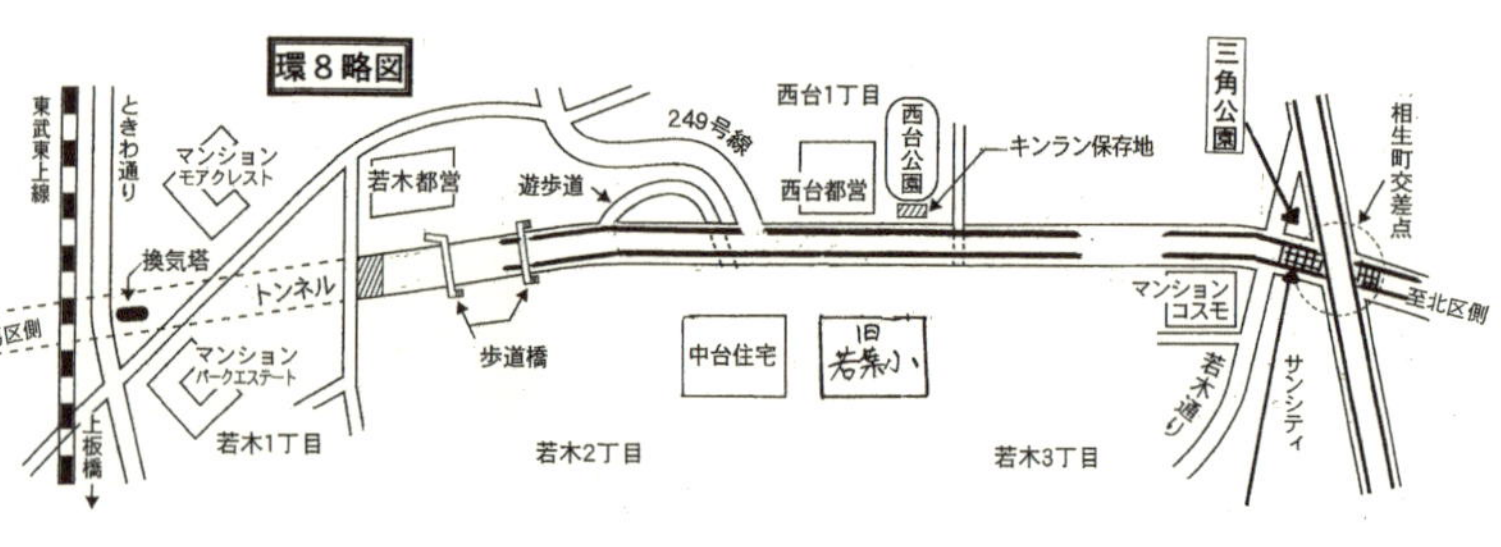

第1章　環8運動の黎明期

ツクシ（中台住宅）

（1）環8の会結成の前と後

■結成総会

環8の会は、一九八八年（昭和六三年）一一月二七日に、板橋区立勤労福祉会館（現・グリーンカレッジ）で結成された。

相生町の藤塚久代さんは、結成総会についてつぎのように述懐している。

「会場いっぱいの参加者で、盛大でしたね。相生町からは数人が参加しました。道路の拡幅に直面していた、小豆沢方面の人が多かったような気がします」

板橋区内の環8道路の建設工事は、二つに分かれていた。

一つは、相生町から中山道を越えて、北区との区境まで。ここは道路の拡幅（二・三キロ《メートル》）。

もう一つは、相生町から練馬区北町まで。東武東上線が練馬区との区境で、ここは道路の新設（板橋部分は一・八キロ《メートル》）。

工事は、道路の拡幅部分が先行した。結成総会の出席者が「小豆沢方面の人が多かった」というのは、拡

環８の会結成総会のご案内

幅工事が目前に迫っていたからである。

■環境破壊を座視できない

結成のよびかけを見てみよう。

〈いま東京では、「東京大改造計画」の掛け声とともに、都内の道路計画が各地で急浮上しています。この板橋でも、環状八号道路をはじめ、高速道路王子線、中央環状道路・新宿線計画などがつぎつぎ表面化し、沿線住民と区民に大きな波紋をよびおこしています。

いま板橋区民がおかれた環境は、大和町交差点が全国一、二を争う「大気汚染地域」となっていることに象徴されるように、きわめて悪化しており、その改善の見通しすらたっていません…。

こうした現状を考える時、私たちの町で進もうとしている環状八号道路の拡幅と新規建設を、ただ座視していることは許されないことです…。※一部略〉

よびかけ人には、若木（三名）、西台（二名）、相生（三名）、志村（一名）、小豆沢（三名）、坂下（二名）の各町から一四名の方が名を連ねている。

連絡先は、西台の田代重延さん。

■〝プレ〟環8の会

環8の会は、突然できたわけではなく、二年ほどの準備期間があった。まず、若木、西台、中台地域を中心に、「環八を考える準備会」が発足した。

この準備会は、一九八六年一一月二四日、「環八によって立退きを迫られる方々の苦悩や、周辺住民がうけるはかり知れない環境悪化による大気汚染、騒音、振動公害に悩まされる深刻な状況が予想されます。…私たちは環八着工を黙って見過ごすわけにはいきません」と、住民の団結をよびかけた。会結成の機運は、若木、西台、中台地域にとどまらず、相生町から坂下、小豆沢地域まで、沿線全体に広がった。

そして会結成の準備の議論のなかで、会の名称も「環八を考える会」が「環八道路から住民のくらしと環境を守る会」に発展した。

（注）「環八」と「環8」。二通りの使い方をしていたが、九〇年代までは「環八」が多用されていた。

（2）人間優先の道路に

■ただちに副知事交渉

一九八八年一一月二七日に結成された環8の会は、翌一二月一六日に東京都の横田副知事と面会、沿線住民の要望を申入れた。

①道路建設は「都民参加」の原則を守ること。
②現在道路のあるところの拡幅は、歩道、街路樹、安全施設など人間優先の道路にすること。
③現在道路のない地域の計画は白紙撤回すること。
横田副知事は「白紙撤回はできないが、環境保全には十分考慮する」と述べた。

副知事交渉に先立って、一二月一〇日に、若木・中台・西台地域の住民のつどいが中台住宅集会所で開かれ、四五人が参加した。集会参加者は「ストップ環８」の意気を示した。

■計画の変更を申入れる

住民の要望は多面的で、切実である。
環８の会は、翌年（一九八九年）の二月、都建設局につぎの申入れをおこなった。
①現在道路のない地域の道路構造は、環境にとって最悪の「高架」にしないこと。
②相生町交差点、坂下交差点の「陸橋」による通過は、公害の拡散につながる。都の計画を地下通過などに変更し、植樹帯をもうけること。
③坂下一丁目の都営住宅前は、住宅敷地も利用して植樹帯をもうけること。

道路構造の再検討を求める署名活動（1990 年 6 月）

④坂下交差点から小豆沢体育館通りの間は、植樹帯と歩道部分を六〜七メートルとること。
⑤都道201号道路は、一車線削減し、植樹帯をもうけること。

■道路構造に意見、疑問が噴出

環8道路の構造はどうなるのか？住民の関心は高まったが、都の決定は遅れに遅れた。都建設局は、一九八九年一〇月になってようやく、川越街道〜都道201号線（相生町）までの都市計画変更素案を発表した。

（注）このときの相生町交差点の構造は平面交差。

環8の会と沿線住民は、「これでは公害道路だ！納得できない」と、声をあげた。

まず、騒音、排ガス、振動などの公害が降りかかる。とくに相生町交差点は、高速5号線、都道201号線、環8道路が交差し、大気汚染ワースト日本一の「大和町交差点の二の舞」になるのではないか。

さらに、西台、若木、中台地域は、道路によって街が完全に分断される。春にはウグイスが鳴く貴重な自然林が失われる。また、環8道路が東上線の地下を通ることになれば、板橋区の東上線立体化構想はどうなるのか。「高架」しか選択肢がなくなるのではないか。

住民の自主検討会（1989年11月、若葉小学校）

こうした意見、疑問が噴出した。

（3）環8運動と中台住宅自治会

■環8運動発祥の地

中台住宅と環8問題の関係をたどっていくと、五〇年前にさかのぼる。

一九六八年五月一六日発行の『中台住宅自治会ニュース』（第三五号）のトップに、補助２４９号線が中台住宅の一〇号棟をはちまき状にとりまいて環8道路に接続するという、東京都の計画図面が載っている。

この恐るべき計画は、団地全体を揺るがした。

一〇号棟の居住者は、自治会長あてに「建白書」を提出、団地全体の問題としてとりくんでほしい、と訴えた。

自治会は、インターチェンジ設置に反対する「請願書」を、都議会や板橋区議会に提出、署名運動や要請行動にとりくんだ。

そのいきさつは、拙著『環8板橋　怒れ住民』の「杉野さん、

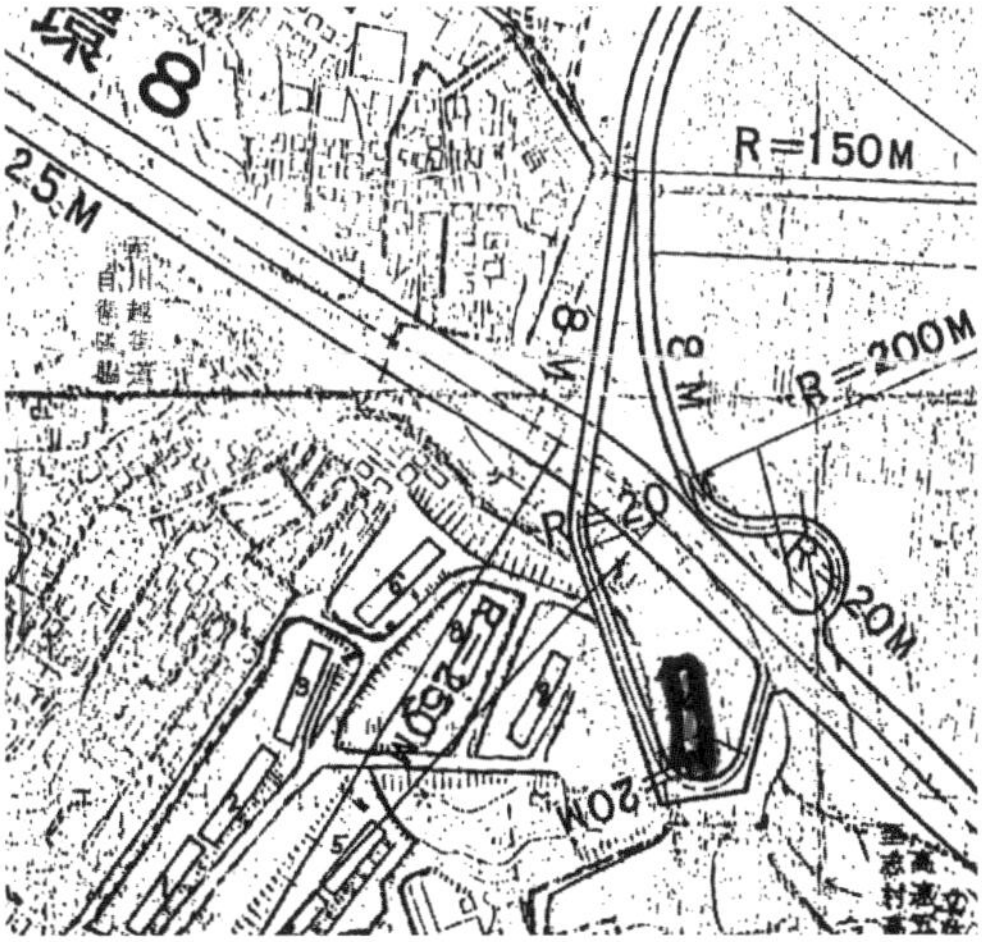

中台住宅自治会ニュース

『前史』を語る」で紹介している。杉野宏さん（故人）は、環8の会発会のよびかけ人の一人であり、長い間代表世話人として活躍した。

（注）中台住宅（東京都住宅供給公社、四〇〇世帯）について

若木二丁目にあるのに、なぜ中台住宅とよぶのか。中台住宅が建設された頃は、「若木」という町名はなく、志村中台町だった。志村中台町と志村西台町の間に「若木」という町名が新しく生まれた（一九六三年）。

■自治会ぐるみ、運動の中心に

自治会の都議会請願は二年後に採択され、「請願の趣旨にそって…対策を考える」（都建設局）ことになったものの、都が実際に「都市計画変更（案）」を発表して、一〇号棟の「はちまき」を撤回したのは、一九九〇年代の中頃のことである。

環8の会の第七回総会（一九九六年）当時の役員を見ると、一六名の世話人のうち三名が中台住宅居住者である。また、会員名簿を見ると、若木、西台の会員一〇二名のうち中台住宅居住者が三一名を占めている。

二〇〇七年八月一日発行の『自治会ニュース』は、「住民に喜ばれる緑地の整備を」という見出しでつぎのように報じている。

環8の会第7回総会（1996年1月、中台住宅集会所）

「環8道路の本線が開通し一年余、静かな環境が一変しました。二年後に側道が完成すれば、騒音や排ガスがもっとひどくなるでしょう。環境の悪化をくいとめた上で、『もっと緑を増やして！』の声をあげることが、いまとても大事です。……中台住宅西側に確保した一，九〇〇平方メートルの緑地と遊歩道…ここに、住民に喜ばれるように、平場を雑木林風にすることと、直立のコンクリートの壁の『壁面緑化』を求めていきましょう」

この要求は、ほぼ実現した。

〈短歌〉

環8の計画道にキンランの咲く

佐藤　洋子

キンラン

伝説のキンラン咲くを見つけたり計画道の樹木を伐りて

絶滅に向かうと聞けりキンランは林に群落なして咲けるを

キンランの地下に潜みし時を経て咲けり黄色の花は輝く
キンランは武蔵野台地の北限に産すとあるをいまに証せり
環8の計画道に見つけられキンランのさだめはやも危うし
キンランは移植困難とう学者保存の手立てを求める住民

『けんせつ北部』（二〇〇三年六月一日）より

東京土建板橋支部の機関紙『けんせつ北部』は、環8工事の問題を特集、キンランの保護を訴えた。

第2章　公害道路はゴメンだ

ボケ（三角公園・相生町交差点）

（1）環8雲のナゾを探れ

■NO2の削減は至上命令だ

毎日新聞の一九八七年（昭和六二年）一二月三一日の社説は、「ＮＯ２削減は至上命令だ」と、つぎのように述べている。

「百年河清をまつ感じである。いっこうに減ろうとしない大気の二酸化窒素（ＮＯ２）に、同じ思いの人は多いだろう。環境庁がまとめた六十一年度の大気汚染測定結果によると、ＮＯ２は十都道府県四十区市の百四測定局で環境基準を超えた。なかでも東京、神奈川、大阪三地域の自動車排ガス測定局では、前年を三・七％上回る七六・四％の局で基準をオーバーした。……きれいな空気の価値と恩恵は、多少の不便さや経済的犠牲を払ってもおつりがくるのではなかろうか」

■環8雲が道路上空にフワリ整列

つづいて、一九九三年（平成五年）三月四日の毎日新聞は、環状8号線に沿って上空に連なる「環8雲」

1993年（平成5年）　3月4日　木曜日

環8雲のナゾ探れ

汚染物質の固まりか

道路上空にフワリ整列

都も調査へ

毎日新聞

について、「都市のヒートアイランド化や大気汚染が原因との見方も出ている」としたうえ、都環境科学研究所の分析を報じている。

「環状8号線周辺は、地上でも大気汚染度が高い場所。汚染が雲をもたらすことは考えられる」

■東京の空が危ない

九〇年代後半になっても、「環7雲」「環8雲」は新聞紙上をにぎわし、都民の心をいためた。朝日新聞（一九九八年一一月一八日）が大きな記事を掲げた。一部を紹介しよう。

「都心のヒートアイランド現象は上昇気流を生む。気流に巻き込まれた汚染物質の粒子が〝核〟となって雲が生まれる」。さらに「いま、雲に加えて、雨も注目を浴びている」として、強酸性の雨についてこう述べている。

「汚染物質の微小粒子が雲の核になり、空中の窒素酸化物を取り込む。それが強酸性雨の雨になる、という見方だ」

そして、最後の結論の部分はこうだ。

「東京の空には、さまざまな科学物質が浮遊している。光化学スモッグの被害者は今年、過去十四年間で最多の三百人を超えた。それが何を意味しているのか。大気汚染の中身も、時代とともに、様変わりしているのかもしれな

ここ東京の空が危ない

環七・環八雲

強酸性 局地的な「微雨」

朝日新聞

い」

たしかに様変わりである。いま、公害の主役は微小粒子状物質だ。

（２）大気汚染の測定運動

■環境は悪化している

マスコミの報道にあるように、二酸化窒素（ＮＯ２）など大気の汚染が大問題になっていた。

環８の会の第二回総会（一九九〇年一〇月一三日）の文書は、つぎのように述べている。

「本年九月、大気汚染測定東京連絡会の発表によれば、二三区の幹線道路の沿線で測定された二、二五三ヵ所の平均値が〇・〇七五ＰＰＭという高い価になった……東京都環境保全局が発表した、昨年の東京都の大気汚染測定の結果は、二酸化窒素の場合、一般環境測定局三五局中一八局が環境基準を達成できず、自動車排出ガス測定局は三〇局中二七局が環境基準を達成しませんでした」

二酸化窒素除去装置の見学
大田区京浜島換気所（2003年6月）

「二酸化窒素の環境基準というのは、一時間値の一日平均値が〇・〇四ｐｐｍから〇・〇六ｐｐｍまでの範囲内。環7、中山道、高速5号線が交差する大和町交差点の自動車排出ガス測定局は、東京のワースト1を記録している」

■住民の不安

環8道路ができたら環境はどうなるか。住民の不安はつのった。一九九〇年六月には東京都が「環境影響評価書案」を発表した。環8の会はただちに、藤田敏夫さん（当時は埼玉大学講師）らを講師に「評価書案」の勉強会をおこなった。

八月には、四建が「評価書案」の住民説明会を開いた。参加者は徳丸小が五〇名、若葉小が一二〇名、若木小が八〇名、坂下小が四〇名。住民の関心の高さを示している。

環8の会は、大気汚染測定東京連絡会の測定運動に加わった。カプセルによる簡易測定である。一九九〇年一二月に沿道の四四カ所で初めて実施した。翌一九九一年六月には六〇カ所に増やした。この大気汚染の測定運動は、相生町交差点のシェルターと大気浄化システムの設置や、東上線トンネルの換気塔設置の力となった。

■勉強会

東京都に対抗するために、住民の側の理論武装が痛感された。運動の節々で勉強会を開き、学者の方などに講師を依頼した。主なものを列挙すると、一九九〇年六月……環境影響評価書の勉強会、講師は藤田敏夫さん（前出）。

一九九九年一一月……道路とくらしについての勉強会、講師は柴田徳衛さん（前都公害研究所所長・東京経済大学名誉教授）。

二〇〇二年二月……第一二回総会のさい、坂巻幸雄さん（日本環境学会副会長）の講演。

二〇〇四年一一月……「みんなで考えよう緑と環境」をテーマに「環８シンポ」を開催。講師は本谷勲さん（東京農工大名誉教授）と山口邦雄さん（都市プランナー）。「環８シンポ」とあわせて絵手紙や短歌などの展示をおこなった。

二〇〇六年九月……「家屋被害問題の勉強会」、講師は小松田精吉さん（工学博士）。

柴田徳衛さん（左）

環８シンポ

展示会

■測定運動はいまも続いている

あれから二八年。測定カ所は一二カ所に減ったが、測定運動はいまも続いている。

昨年（二〇一八年）一二月の測定の数値は、次の表と地図のようになっている。

最高濃度は、〇・〇五ＰＰＭ、歩道橋と歩道橋の間の⑨地点、今回が初めての地点である。

二酸化窒素（No2）測定結果

2018 年 12 月 6 日〜12 月 7 日

場所	濃度 ppm	場所	濃度 ppm
①	0.036	⑦	0.033
②	0.043	⑧	0.042
③	0.039	⑨	0.050
④	0.039	⑩	0.033
⑤	0.027	⑪	0.030
⑥	0.025	⑫	0.042

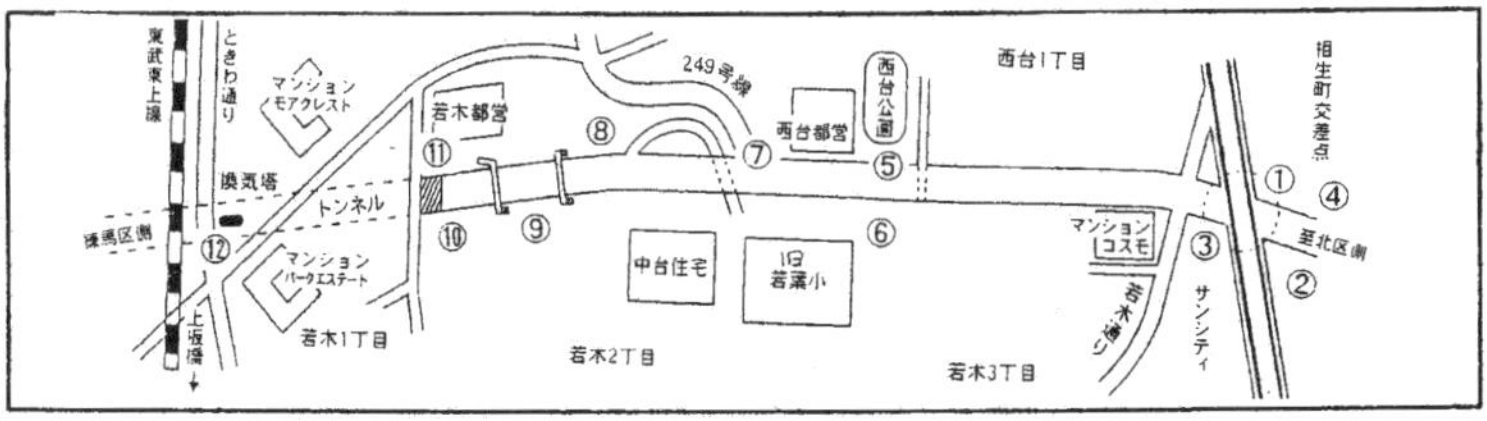

〈ミニ解説〉PPmの単位とは?PM2・5とは?

(Q-1) **ppm の単位とは何ですか?**

(A-1) ppmm (100 万分率) は、濃度を容量や重量の比で表す単位。ここでは大気の中に含まれる NO2 の量を表します。たとえば、1辺が1m の箱の中の空気に1辺が1㎝の箱の体積の NO2 が入っていると1ppm です。

- 1% (100 分率) =1/100
- 1ppm (100 万分率) =1/1,000,000

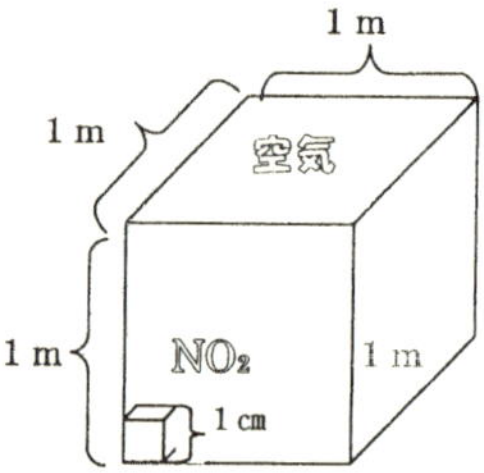

(Q-2) **測定した NO2 濃度の汚れはどのように判定しますか?**

(A-2) 判定基準はつぎのようにしています。※測定運動はカプセル簡易測定法でおこなっています。

0.02ppm 以下……………………………	あまり汚れていない。
0.021〜0.040ppm………………………	少し汚れている。
0.041〜0.060ppm………………………	汚れている。
0.061ppm 以上…………………………	大変汚れている。

(Q-3) **二酸化窒素 NO2 の環境基準はどうなっていますか?**

(A-3) 国は 1978 年、NO2 の環境基準を「人の健康の保護および生活環境を保全するための維持すべき濃度」として、「0.04ppm から 0.06ppm のゾーン内またはそれ以下」と定めました。

最近は、この環境基準以下のところで生活していても、ぜん息など呼吸器の病気にかかる患者が多いことが報告され、見直しが必要とされています。

PM2.5 とは?

健康への影響が心配

PM2.5 (微小粒子状物質) は非常に小さな粒子のため、肺の奥深くまで侵入し、ぜん息などの肺疾患の原因になるだけでなく、血管を通って脳梗塞や心筋梗塞を引き起こします。

さらには、脳神経系 (認知症) や次世代にわたる生殖器系への影響も指摘されています。

- PM2.5——粒種 2.5μm 以下
- 人の髪——平均直径 75μm

※μ (マイクロ) とは、百万分の1であることを示す語。

PM2.5 の環境基準

2009 年 9 月、環境省が PM2.5 の環境基準を告示。大気1立方㍍あたり、15μグラム (15/100 万) 以下。

板橋の大気汚染の状況

板橋区大気情報公開システム

URL:http//itabashi-air.jp/

※板橋区のホームページからも見ることができます。

(3)〝緑と環境〟の源流

■公聴会

環8運動三〇年の旗印は〝緑と環境〟である。その源流をたどってみよう。長年環8運動に力を尽くして亡くなられた、田代重延さんの遺品のなかに、一冊の小冊子があった。東京都環境保全局発行の『東京都市計画道路環状第8号線（練馬区北町～板橋区若木間）建設事業に係る環境影響評価に関する公聴会記録』という、長いタイトルの小冊子である。公聴会は、一九九〇年一〇月二〇日、板橋区立勤労福祉会館で開催された。

一七名の公述人全員が、環境影響評価書案に疑問を呈し、異議をとなえた。そのなかのお二人、武井實さん（相生町）と岩本清太郎さん（中台住宅）は現在、環8の会の代表世話人として活躍している。

武井さんと岩本さんは、公聴会で何を訴えたか。

■武井實さんの公述

武井さんはまず、「環境への影響は少ない」とする東京都の環境

公聴会

影響評価書案を批判、「本当に影響が少ないのか、心配がないのか。私は幹線道路の近くに住む者として、幹線道路ができた場合、周辺の環境がどれほど悪化するのか、毎日その生活の中で肌身に感じている者として大変疑問に思います」と、述べている。

また、相生町交差点を、「大気汚染日本一の大和町交差点の二の舞にしない」ため、四点にわたって具体的な提案をした。

①空間地を確保して樹林帯を設置する。

②環状８号線は地下構造で片側一車とし、歩道と植栽幅を広げる。

③都道２０１号線の車線は片側三車線になっているが、これを縮小して植樹帯をふやす。

④交差点の横断歩道は、お年寄りや子供、車椅子の人々も安心して通れる歩道橋を考えてほしい。

■岩本清太郎さんの公述

岩本さんは、アセスの評価の間違いを具体的に指摘し、「環境保全局は都民の環境と健康を守る姿勢があるのか」と追及した。

そして、「若木・西台地域は、…緑の多い住みよい環境があり、春ともなればウグイスがさえずり、区内でもまれな地域です」と述べ、道路建設の名のもとに貴重な自然を破壊してはならないと、訴えた。

環八住民説明会（2001年5月、若葉小体育館）

最後に、アセスメントのやり直しと、「若木2・3丁目を地下方式を含めての計画の全面的見直し」を求めた。

武井さん、岩本さんの公述には、道理と先見性があった。一七人全員の公述が、環8運動の旗印となった。

第3章　環境を守るために道路構造をどうするか？

オオムラサキツツジ（沿道）

（1）三つの難関

■公害を防ぐ道路構造とは？

公害を防ぐために、道路構造はどうあるべきか。住民の議論は白熱した。若葉小学校で開いた「環8を考える住民の自主検討会」には九〇人が参加した（一九九〇年四月）。

道路の構造をめぐって、三つの難関があった。

その1…補助249号線（区道）を環8道路に接続するかどうか。

都・区ともに接続に執念を燃やしていたが、沿線住民の多くのみなさんは「249号線と接続する必要があるのか」と、疑問を呈した。

その2…東武東上線と環8道路との交差をどうするか。

都の構造案では、環8道路が東上線の下を通ることになっていた（地下といっても、大半が掘割構造）。そうすると、各地の〝開かずの踏切〟をどうするか、という問題につながる。東上線を高架にすることには、どこでも猛反対があった。

環八道路説明会（2001年5月）
説明者は四建の課長

※板橋区内の東上線の踏切は三六カ所。

その3…相生町交差点をどうするか。

高架の高速5号線、平面の都道201号線と、環8道路がどう交差するかという問題。

(注)これらの三つの問題は、ほぼ同時的に進行したが、わかりやすくするために、三つに分けて記述する。

■最初の難関……補助249号線との接続

環8道路(都道)と補助249号線(区道)の接続問題は、最初の難関だった。

二つの道路に高低差があるので、都の当初案は、249号線が中台住宅一〇号棟を鉢巻き状に回って下降して、環8道路に接続するというものだった。

中台住宅の住民は「騒音と塵埃と排気ガスの渦巻く戦慄すべき住宅となる」と、猛烈な反対運動を起こした。都はこの案は撤回した。

しかし、こんどは環8道路自体を最大で九メートルほど高くして、249号線と接続する案を出してきた。板橋区も同じ考えだった。区の公式の態度は「補助249道路と環8道路の同時建設」であった。

自然林前の住民集会

相生町交差点から練馬・北町までは、原道がない。緑の自然林をつぶして道路をつくることになる。沿線住民のみなさんの多くは、「２４９号線を無理に環８道路に接続する必要がない」との意見だった。緑を守りつつ、この難関を突破する方向はあるのか。

（２）補助２４９号線との接続と全面地下化の問題

■難関突破の方向

住民のみなさんの意見は、「全面地下化」に集約されたが、都・区の態度との関係で、運動は紆余曲折をたどった。総会の文書（議案・方針）を見てみよう。

（注）「全面」、「全線」とも同じ意味で、相生町交差点から練馬区北町・川越街道までの地下化のこと。

一九九〇年一〇月の第二回総会の文書は、相生町交差点から川越街道まで、どのような構造にすれば公害のでない構造にできるか、を議論し、「運動の中でだされた、構造上の主な意見」を、つぎのように紹介している。

①補助２４９号線と環状８号線の接続を止める。

自然林の伐採に抗議（2002 年 12 月）

②一・九キロメートルの全線を地下化する。

全線地下化の方向が浮上してきた。

なお、当時板橋区は、①相生町交差点をアンダーパス（地下）にする、②東武東上線前後のスリット構造をやめ、蓋をかける、という意見書を都に提出していた。

翌年の第三回総会（一九九一年一二月）では、「公害道路にしないためには全面地下化だ」と、運動の方向を決めた。

■住民の意識

「全面地下化」の方針は、主として「公害のない道路づくり」の立場からのもので、その背景には、公害道路はゴメンという世論と住民の意識があった。

板橋区が一九八九年に若木地区で実施したアンケート調査は、つぎのようになっている。調査対象者（団地を除く）は二、一七〇世帯、回答率五三・九％。

・生活道路の整備四二・〇％
・幹線道路の整備六・七％

※東京都環境保全局発行『公聴会記録』（一九九〇年）より

■紆余曲折

「全面地下化」の方向は、補助２４９号線との接続を断ち切ることであった。接続を進めていた板橋区と衝突することになった。

環8の会が板橋区議会に提出した、『環状8号道路・相生町交差点~東上線区間の全面地下化を求める陳情』は、否決された（一九九一年一〇月）。

環8の会は、方向転換を余儀なくされた。

しかし、このことが板橋区・区議会と組んで、強大な東京都と対峙するうえで、大きなプラスとなった。つまり、「2対1」の構図がつくられた。

環8の会は、「公害のない道路」、そのための「全面地下化」の要求をかかげつつも、「よりましな構造」を追求した。総会では、つぎのように運動の総括・評価をした。
○「スリット構造の蓋かけ」は、「公害のでない道路構造を求める運動の成果」（一九九二年、第四回総会）。
※東上線との交差は、都の当初案はスリット構造。「蓋かけ・トンネル化」は、切実な要求であった。
○「全面地下化を求めた運動のなかで、若木一丁目掘割り部分の完全地下化」、「補助249号線の取り付けは阻むことができなかったが、中台住宅一〇号棟の〝はちまき〟は計画変更させました」（一九九八年、第八回総会）。

工事現場見学（中台住宅 10 号棟前の仮設歩道橋）

第4章　北町・若木トンネルの構造をめぐって

シャクナゲ（沿道）

（1）練馬・板橋両区の共同の運動の成果

■スリット構造に猛反対

北町・若木トンネル（四八〇メートル）は、東武東上線を境に練馬区と板橋区にほぼ二分される。

※東上線トンネルともよぶ。

環８道路と東上線の交差の構造をどうするか。東京都の当初案は、道路が線路の下を通るという構造で、掘割（スリット）構造だった。都案にたいして、練馬区でも板橋区でも猛烈な反対運動がおこった。ふたかけ・トンネル化、換気塔の設置などが、住民はもとより区・区議会の共通の要求だった。そしてこれらの要求は実現した。

■環８の会のとりくみはどうだったか

練馬区側では、北町を中心に、地域コミュニティと商店街の分断に反対する町ぐるみの運動が起きていた。環８の会も、公害道路はゴメン、全面地下化、〝緑と環境〟をかかげて運動を展開していた。「環８道路を公害道路にさせない」――環８の会がもっとも力をいれたことである。『環境影響評価書案』（一九九〇年）にたいする

工事に注文をつける住民（2007年3月）

意見書でも、『公聴会』（一九九〇年）での公述でも、『見解書』（一九九一年）にたいする意見書でも、主な内容は「公害のない道路」であり、構造の点では「スリット構造をやめ、上部に蓋をかける」という意見を出した。

代表的な意見としては、環８の会の代表世話人（当時）・田代重延さんの意見書がある。「スリット構造は止め、上部は蓋かけをしてグリーンベルトをつくる」

板橋区長も、再三にわたって「蓋かけ構造」を主張した。

（２）トンネル周辺の環境改善をめざして

■ふたかけ・トンネル化のほかにも

その後、環８の会は、トンネルの板橋側三〇ｍ《メートル》延長、トンネル工事のさいの汚染土壌の処理対策（二〇〇二年）、換気塔に二酸化窒素除去装置を設置する要求と都公害審査会への調停申請（二〇〇四年）。緑化問題では高木植樹（二〇〇五年）、東上線を越えて板橋区側と練馬区側を結ぶ「ふれあい歩道橋」の設置（二〇〇八年）などの問題にとりくんだ。

（注）二酸化窒素除去装置は実現できなかったが、板橋区側と練馬区側の出口近くの上部コンクリート（約一ｍ《メートル》四方）を薄くして、将来脱

トンネル工事の見学

硝装置を設置できる構造とした。

■北一商店街環八対策委員会と手を組んで

いくつかの問題で、練馬区側の北一商店街環八対策委員会と連携した行動をとった。環8問題を審議する都議会を一緒に傍聴したことや一緒に建設局と交渉したことなどは、印象深い思い出である。

（注）この章は、『環8板橋　怒れ住民』の「第5話　環境アセスの問題点を考える」の「アセスは何のためにあるのか?」の補足である。

〈資料〉　住環境を守りたい

環８工事が終盤に近づいた二〇〇六年一月、東京土建板橋支部の機関紙『けんせつ北部』は、二度目の環８特集記事を組んで、地元で熱心に活動している三人の組合員の談話を載せている。

○内藤徳夫さん（若木分会）

ちょうどウチの隣が、環八のトンネル出入口になります。便利になることは良いが、大気汚染、振動、騒音、など環境が悪くなるのが困ります。

他の住民の皆さんからも、要求を聞くことを大切に運動をすすめています。

○武井實さん（蓮根分会）

相生町交差点の近くに住んでいますが、工事で大和町交差点と同じく３層構造になるので、大和町の二の舞にならないかと心配しています。

運動の成果として、日本で初めて大気浄化システムを交差点横に導入させました。さらに、環境に十分配慮した道路作りを求めていきたいと思います。

○松平与三次さん（上板橋分会）

環八工事で大型車が通り、振動や地盤沈下で住宅が傾く被害がでています。ドアが開かなくなったり、屋根瓦がずれたりと、私がなおした家だけでも、一〇数軒あります。

一番問題なのは、排ガスです。狭い谷間の地形なので、ガスがたまって生活ができなくなる、と心配しています。

（注）内藤さんと武井さんは、現在も環8の会の代表世話人として活動している。松平さんは、若木三丁目に住み、世話人として活動してきたが、病気のため亡くなった。

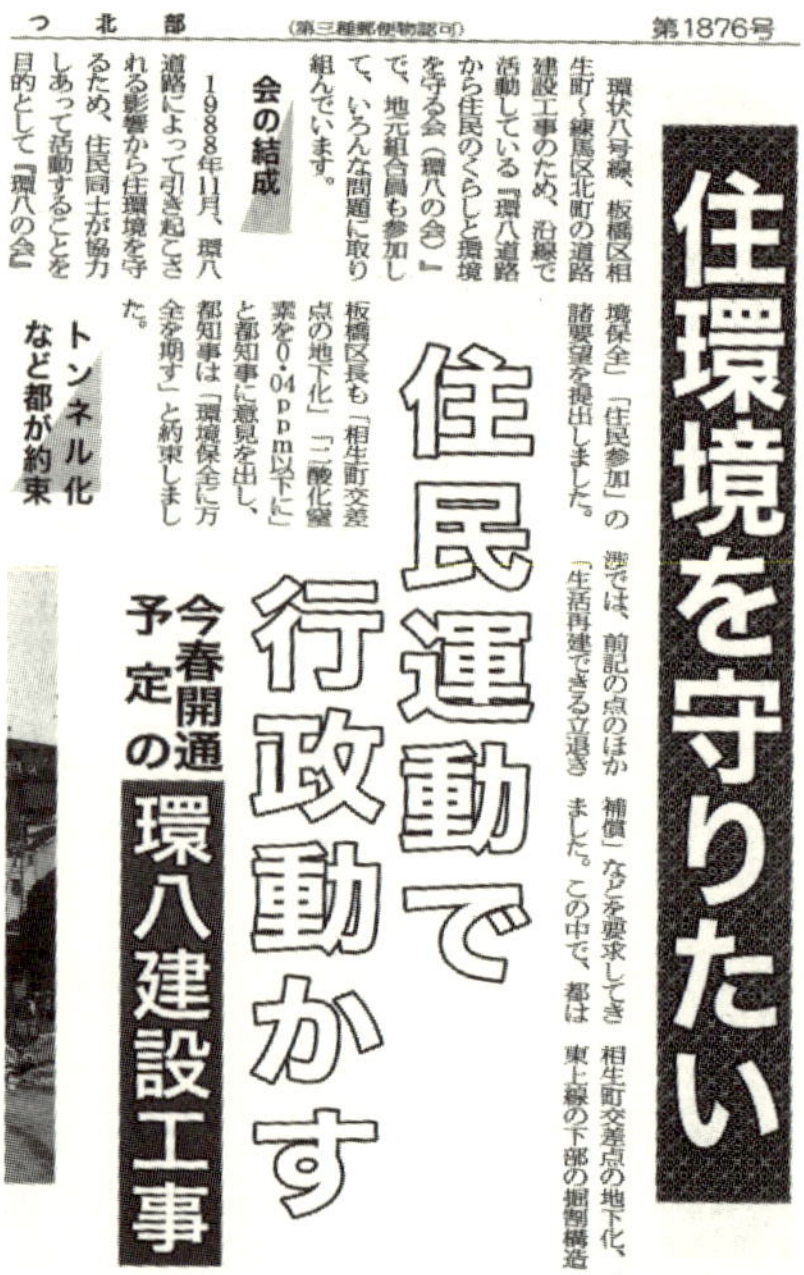

つ　北　部　（第三種郵便物認可）　第1876号

住環境を守りたい

住民運動で行政動かす

今春開通予定の環八建設工事

環状八号線、板橋区相生町〜練馬区北町の道路建設工事のため、沿線で活動している『環八道路から住民のくらしと環境を守る会（環八の会）』で、地元組合員も参加して、いろんな問題に取り組んでいます。

会の結成

1988年11月、環八道路によって引き起こされる影響から住環境を守るため、住民同士が協力しあって活動することを目的として『環八の会』

境保全」「住民参加」の諸要望を提出しました。

板橋区長も「相生町交差点の地下化」「二酸化窒素を0・04ppm以下に」と都知事に意見を出し、都知事は「環境保全に万全を期す」と約束しました。

トンネル化など都が約束

渉では、前記の点のほか「生活再建できる立退き補償」などを要求してきました。この中で、都は相生町交差点の地下化、東上線の下部の掘割構造

『けんせつ北部』（2006年1月発行より）

第5章　立退き補償と工事被害の損害賠償

ハナミズキ（沿道）

（1）生活再建ができる買収条件を

■用地の測量が始まる

一九九四年一一月、都建設局は用地測量の説明会を強行した。用地買収のための測量が始まった。環8の会はただちに、「用地測量は用地買収の第一歩です」というビラを発行した。

中身は、

●買収条件は、生活再建が可能なものに。

●地権者の団結で有利な条件を引き出そう。

翌一二月には、東京都建設局長に、つぎの四項目の申入書を提出した。

①用地買収は、「現在の生活を再建することが可能な補償」とすること。

②代替地を求める者には代替地を確保すること。

③残地は適正価格で買い取ること。

④営業補償は実際に応じて対応すること。

しかし、住民の不安は広がった。

立退きの“住民相談QアンドA”（1996年5月）

■これでは生活再建できない！

環８の会は一九九六年五月、立ち退きが迫られている地域で「住民相談QアンドA」を開催した。宣伝カーの周りは人だかりとなった。一五五軒中話がすすんでいるのは、たった三軒だけとのことだ。「どうしても代替地がほしい」「都営住宅に入りたい」「公害が心配だ」「肉販売業だが、営業補償はどうなるのか」など、切実な要望が出された。

翌一九九七年の五月、若木二、三丁目と西台一丁目の計画区域を訪ね、「聞き取り調査」をおこなった。四三軒から話を聞くことができたが、半数はメドがたっていない、ということだ。

出された要望、意見は、「補償金が低くて生活再建ができない」「買収金額に格差がありすぎる」「一五坪や二〇坪では代替地のあっせんをしてもらえない。これでは困る」「営業補償をもっと考えてほしい」……。

それでは、移転を余儀なくされた軒数は何軒だったのだろうか。『環８ニュース』（一九九七年六月二九日発行）には、「買収移転補償は全体の三〇％、四九棟で、まだ一一四棟が残されている」と書かれてある。

最近、環８の会が四建に問い合わせたところ、「立ち退き軒数は約三八〇棟、共同住宅も一棟と数える」と回答（二〇一八年五月二三日）。

現地調査のよびかけ（1998年5月）

（2）工事被害の損害賠償

■全面解決まであと一歩

工事による家屋被害の損害賠償問題の解決のために、十数年の苦闘がつづいた。

私たちの努力の一つは、専門家の力を借りて、「家屋被害問題の勉強会」や「地盤問題の説明会」を、くり返し開催したことだ。

もう一つは、みんなの力で四建につぎの四項目を約束させたことだ。

①家屋被害の損害賠償は、「原状回復」に必要な費用。
②損害賠償の計算は、本人にわかるように説明する。
③塀、私道、敷地などに損害があれば、損害賠償の対象にする。
④必要があれば、再調査をおこなう。

こうして、当初一七〇軒あった板橋区内の被害軒数は、現在の未解決は数軒に減った。全面解決まであと一歩と迫った。

全面解決は目前なのに、最後の決着がなかなかつかない。四建は最後の一人まできちんと解決しようという気持ちがあるのだろうか、まともに対応しているのだろうか、と疑問がわいてくる。

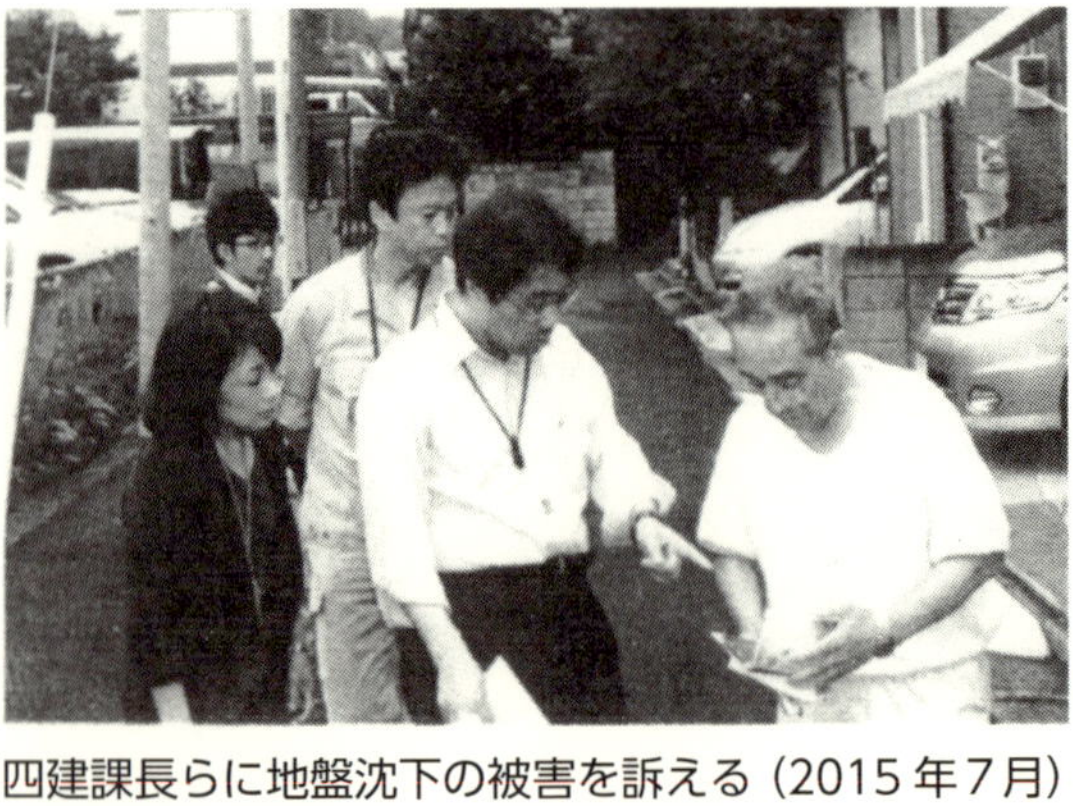

四建課長らに地盤沈下の被害を訴える（2015 年7月）

（注）ちなみに、私の家のことを例にとると、二〇一二年九月に補償額が示された。私は二〇一三年一一月、工務店の「修理見積書」を付けて若干の上乗せを要望した。それから五年余、四建の回答はない。

■「事前調査」から「地盤」が抜け落ちた！

損害賠償問題の解決が、どうしてスムーズにすすまないのか。

本格的な工事を前にした二〇〇一～二年、「家屋等の調査（事前調査）」がおこなわれた。この事前調査のなかに「地盤」の項目はなかった。

事前調査と事後調査の「差」が、損害賠償の対象となるのだが、地盤が抜け落ちていることは何を意味するか。このことが、損害賠償の算定をめぐって、東京都・四建と被害住民とのあいだの争いの原因となった。

ようやく前頁の四項目の約束をかちとったものの、実際の運用は容易ではなかった。多くの場合、被害者側は老夫婦が二人、そこに四建と金銭解決を請け負った会社の数人が押しかける。環８の会の役員の援助の手もまわらなかった。

被害者は四建側の専門家の理屈に太刀打ちできない。しかし、解決をずるずると延ばすわけにはいかず、不満ながら妥協したという声を聞く。

■地盤の変動・沈下の問題とは？

相生町〜若木三丁目間は、地盤の変動・沈下がひどい。旧蓮根川の河川敷で軟弱地盤だからだ。四建は、このことを事業説明会などで力説したものだ。そして、道路の工事にあたっては、長さ一〇メートルほどのパイルを約三、二〇〇本打ち込む、地盤改良工事をおこなった。

（注）①軟弱地盤対策。若木地区には、「ピート層」があり地盤改良工事を行っている（CDM工法：セメント系深層混合工法）。ピート層＝腐敗した植物繊維が堆積したもので、スポンジ状で高含水（含水比が三〇〇％〜五〇〇％）の地層（平成一六年度四建作成の「環状 第8号線整備事業の概要」）。

②旧蓮根川河川敷における軟弱地盤対策工…道路区域内に支持地盤の強化のため…本線一五一九本、側道一六七九本、計三一九八本…（平成二三年東京都建設局発行「事後調査報告書・工事の完了後その1」）。

ところが、沿線の住宅地には何の手当もしなかった。事前調査の項目にも「地盤」はなかった。工事中から地盤沈下の被害がおきた。

環8の会は、再三にわたって、地盤の調査（とくに専門家をふくむ合同調査）を要望したが、四建はこれを拒否した。ようやく二〇〇八年一〇月〜翌年三月に、四建独自の短期間の調査をやったものの、「変位量は極わずか」「地盤は安定している」と述べただけで、その裏付けは示さなかった。情報開示請求で入手した資料も、「黒塗り」が多く意味不明だった。

（3）都議会と都議会議員

■環境問題の陳情が採択

環8道路は都道である。だから、東京都と都議会の動向が私たちの運動に大きな影響を与えた。

二〇〇四年三月八日の都議会建設・住宅委員会で、サンシティ管理組合が提出した陳情が趣旨採択された。署名数は一、七六四。

採択されたのは、相生町交差点のシェルター内の排ガス浄化と交差点周辺の緑化。もう一つの要望であるシェルターの延長は否決された。採択を主張したのは、K議員（共）、I議員（無）、O議員（ネ）。板橋区選出の自民党議員は、建設促進の立場で質問をした。

私は、他の五名とともに傍聴したが、都議会対策の重要性をあらためて痛感した。サンシティからは、Fさんら三名が傍聴した。

相生町交差点の、シェルターと排ガス浄化装置の設置や交差点周辺の緑化などの実現には、こうした都議会の動向が作用したのだ。

都建設局・四建と交渉（2006年6月、都庁）立っているのは古館和憲都議（正面）
環8の会は役員が出席（左側）

■都議会議員の尽力

環8運動の三〇年を振り返ると、大事なところで都議会議員が登場する。板橋区選出の都議では、なんといっても、共産党の田中秀男さん、古館和憲さん、徳留道信さんの三人である。たいへんお世話になった。

田中さんは、主に九〇年代に活躍し、最初の副知事交渉に立ち会った。「会」の顧問も務めた。二〇〇〇年代には、古館さんがたびたび登場した。私たちの建設局交渉は一九回にのぼるが、このすべての交渉に古館都議が同席した。最近の数年間は、徳留さんにご尽力をいただいた。

環8問題にかかわる委員会の速記録を見ていると、最初に大山とも子議員（共）が登場する。緑、アセスなど環境問題をとりあげた（二〇〇二年三月一八日、建設・住宅委員会）。

私たちの運動が一つの山場にさしかかったときに登場したのが、江戸川区選出の河野ゆりえ議員（共）である。河野議員は環境・建設委員会で、騒音問題などをとりあげた。環8沿線の現地調査もおこなった。

〈資料〉　西台公園にツミ（タカ）が…

二〇〇二年の夏、近所の「野鳥の会」のTさんが、「西台公園にツミがいるよ。巣がカラスにやられたらしい」という話をもってきた。私は、ツミとは何か、知らなかった。ツミとは、ハトより小さいタカで、雄二七センチ、雌三〇センチほどのことだ。

さっそく見に行ったが、ツミの姿はなかった。

「都会の片隅でけなげに生き抜くツミ。日本で一番小さなタカの7年間に渡る記録」――『街で子育て　小さな猛きん　ツミ』という記録映画の上映会が、八月三日、板橋区立成増アクトホールで開催された。主催はいたばし野鳥クラブ。私も妻とともに映画会に参加した。

（『環8ニュース』二〇〇二年八月一一日発行の号外より）

〈資料〉　ネズミ騒動

道路建設のため、自然林の樹木が伐採され、山が掘り崩された。

自然林を追われたのは、タヌキだけではなかった。ネズミもすみかを追われた。ネズミの大群が民家に押し寄せ、ネズミ騒動が起きた。

私の『日記』には、こう記されている。

「昨夜からネズミ騒動。ミレがたてつづけにネズミをとってきた。一匹が逃げられ、茶ダンス、テレビの裏にかくれ、ミレは追いかけるが、つかまえることができない。ミレもつかれてダウン。今朝、電話がかからないので調べたら、電話線がネズミにかみ切られていた。……」(二〇〇三年五月二一日)。

ミレとは、わが家の飼いネコ。近隣のどこの家もネズミの被害。

「ネズミ退治について、保健所の担当者(Sさん)にきてもらい、説明をきく。近所の人たち一六人参加。四建からY氏がきたが、発言なし。Sさん『都は熱心でない』」(二〇〇三年六月二一日)。

ミレ

第6章　若葉小学校の今昔
閉校から若葉ゆめの園へ

旧若葉小学校の桜（2014年4月）

（1）若葉小学校と環8道路

■廃校の理由が環8とは！

二〇〇三年一二月一八日の夜、若葉小の廃校について、板橋区の説明会がおこなわれた。廃校は「学校適正配置実施計画」による、というのだ。

当時の私の『日記』には、こう書いてある。

会場の体育館は一五〇名をこえる参加者でいっぱい。若いお母さんたちがほとんどだ。区の担当者が、廃校の理由として、とんでもないことを口にした。「環8が児童数減少の原因の一つだ。環8ができれば、通学路の安全確保が困難になる」。反対の声がまきおこった。

若葉小のよさ、少人数学級のよさを守ろうという運動が広がったが、強引に押しつぶされた。二〇〇五年四月、若葉小学校は廃校となった。

■環8運動のよりどころ

若葉小は、環8に一番近い学校だ。環8の会は、運動のよりどころとして総会をはじめ各種行事に使った。環8の会の総会は、ここで一四回開催した（うち二回は「若葉ゆめの園」になってから）。

旧若葉小学校

都・四建も、環８道路の事業説明会や工事説明会を開いた。
なお、環８と若葉小のあいだにわが家があり、二人の子どもは若葉小の卒業生である。

（２）住民本位の活用をめざして

■後利用検討会

学校は廃校になったが、施設・敷地は残っている。

これを住民本位にどう活用するか、という課題に立ち向かったのが、「旧若葉小後利用検討会」である。二〇〇五年一二月結成。メンバーは、町会連合会中台支部、中台地域スポーツクラブ、旧若葉小保護者の会有志、旧若葉小施設活用を考える地域住民の会。

「後利用検討会」には、区の担当者も加わり、四年の歳月をかけて議論し、①災害時の避難場所、②地域の活性化、③緑化の推進、を基本に「後利用計画」をまとめた。

後利用計画の方向は、学校法人誘致が失敗し、高齢者福祉施設誘致に変更しても変らなかった。

■校庭を残せ！

学校法人の誘致に失敗した板橋区は、独断で高齢者福祉施設の誘致に舵を切った。旧若葉小の敷地は約一万平方《メートル》、これを校庭（四、三〇〇平方《メートル》）もろとも民間に貸し出そうというのだ。

なぜ、校庭もろとも全部なのだ。災害時の避難場所はどうなるのか。子どもと若者の視点が欠けている。校庭のど真ん中に建物をつくらなければ、校庭と老人施設の両立は可能だ……。

区の一方的なやり方に疑問と非難がまきおこり、署名運動も起きた。

旧若葉小周辺は、窪地で、木造住宅の密集地だ。高齢者の比率も高い。地震・災害に備えることが大事だ。

住民の願いは、まず、避難所の確保と老人施設の建設。そして、校庭を残すこと。校庭は、少年野球やサッカー、盆踊りなどに使い、大雨のさいの貯水機能、災害時には防災広場となる。これがまちづくり一〇〇年の計だ。

私たちの三つの要望のうち、避難所の確保と老人施設の建設は実現したものの、子どものための校庭は残すことができなかった。

『若葉小跡地を考える会ニュース』（2012年11月発行）より

■水害対策

旧若葉小の下部の地域は、「板橋区洪水ハザードマップ」に載っている水害の常襲地域である。たびたび水害に見舞われた。

旧若葉小や中台住宅などから流れ落ちる雨水を、下水管が飲みきれず、路上にあふれる。それを環8道路がせき止める。

都・下水道局と四建、板橋区土木事務所、住民の四者の協議の末、「中台住宅に降った雨水の約半分を環8下水管に分水する」ということで決着をみた。

なお、後日、老人施設を建設する社会福祉法人・ハッピーネットは、校庭をつぶす代償として、一、〇〇〇立方メートルの貯水槽をつくることを約束した。

（注）校庭の貯水機能は五五三立方メートル。

(3) 六メートル道路の〝怪〟

■〝怪〟と言わずになんと言うか

それは、二〇一〇年一一月のことである。

板橋区市街地整備課長が、旧若葉小を「防災拠点として生かすため」という理由で、環8道路から旧若葉小まで、六メートル道路の建設を提案した。

そのために、環8緑地の四メートル道路を六メートルに拡幅し、中台住宅の土地（約一五平方メートル、所有は東京都）と若木建設の土地（約七〇平方メートル）を買収するというのだ。

環8の会は、「これまでの経過にてらして、環8緑地を減らすことはできない」などと主張した。

「ここまで水がきたよ」（2005年9月）

四建は「環8の会の了解が前提」という態度をとった。

区は、環8分を残して、一年後に中台住宅分と若木建設分の工事を完了した。

これで終われば〝怪〟ではないが、まだまだ続きがある。

■三年半の協議中断の〝謎〟

環8緑地の道路の拡幅をめぐって、四建、板橋区、環8の会の三者の協議がおこなわれた（二〇一二年七月）。一二月になって不思議なことがおきた。区代表の市街地整備課長が、突然、「次回の協議は三年後にしたい」と、発言をした。

参加者は、区の意図を図りかねて唖然とした。協議は三年半中断した。

協議の中断中に、「環8の会は六メートル道路を妨害している」とのうわさが、一部に流された。

環8の会は「六メートル道路には賛成。ただし、失われる緑に相当する緑を沿線に確保してほしい」と、要望しているのだが……。

三年半の中断の〝謎〟がわかるときがきた。

それは、区の〝深慮遠謀〟であった。端的に言えば、住民だましの策略だった。

■区の〝深慮遠謀〟

道路が四メートルなら「高さ制限」があって、校庭を使わないと福祉施設は建設できない。六メートル道路の場合はどうか。高さ制限はなくなる。私たちの計算では、施設を四階建て以上にできて、敷地は四分の一ですむ。

つまり、道路を四メートルのままにしておけば、全敷地を貸し出すことができるのだ。施設の完成まで三年待てばいい。〝謎〟は解けた。

■まだ、最終的な解決はしていない

二〇一六年一〇月一日、旧若葉小跡地に「若葉ゆめの園」がオープンした。学校跡地に民間事業者が高齢者福祉施設をつくるのは、初めてのケースである。建設したのは、社会福祉法人ハッピーネット。東京都も板橋区も、巨額のお金（補助金）をつぎこんだ。

関係住民とハッピーネット、工事業者、区との協議が幾度となくおこなわれ、緑化に関すること、工事に関すること、道路拡幅に関することなどで合意した。

六メートル道路問題は、環8の会と区市街地整備課が協議をかさね、つぎのように解決した、かに見えた。
○道路拡幅によって失われる緑地・緑量を環8沿線に確保する。
○代替緑地は、若木二―三五番地先（一八平方メートル）と若木三―二二番地先（四平方メートル）。
この案というのは、実はなんと「金網の中」なのだ。私たちは、「金網」の撤去・移動を申し込んだが、区は「植物保護」を口実に頑として応じていない。

なぜ区はささいなことにこだわるのか、私たちはなぜこれを突破できなかったのか、経緯の検証が必要だ。

（４）「若葉小跡地を考える会」のこと

■一〇年余の運動に幕

ここにいたるには、「若葉小跡地を考える会」を中心とした、一〇余年の住民運動の歴史がある。

「若葉小跡地を考える会」は、若葉小閉校の直後、二〇〇五年六月結成された。正式名称は「旧若葉小施設活用について考える地域住民の会」で、その略称が「若葉小跡地を考える会」である。環８の会とよく連携をとった。

『若葉小跡地を考える会ニュース』は、創刊号が二〇〇五年七月発行、最終号の四四号は二〇一六年一〇月発行である。

創刊号には、後利用について、興味深い住民アンケートが載っている。

一位	災害時の避難場所	八三％
二位	コミュニティセンター（集会場）	五三％
三位	地域のグランド	五〇％
四位	地域の体育館	四九％
五位	老人福祉施設	四七％

※複数回答

旧若葉小の施設活用を考える地域住民の会の総会

■東日本大震災を受けて

「若葉小跡地を考える会」は、後利用の基本は「避難所と老人施設の併設」だと訴えた。そして、東日本大震災チャリティライブをはじめ、わかば祭り、ハンドベル演奏会、フリーマーケット、フラダンス、沖縄民謡、清家みえ子のギター弾き語りコンサート、吹き矢などの各種行事にとりくみ、地域住民との交流を深めた。

なかでも二〇一二年八月に開催した「防災懇談会」は、タイムリーであり、運動の力になった。東日本大震災で被災した菊池紀子さんが「体験談」を語った。菊池さんは宮城県石巻市から成増団地（板橋区）に避難していた。

■地域コミュニティーの核に

二〇一六年一〇月、「若葉ゆめの園」のオープンとともに、「旧若葉小跡地活用を考える会」は解散した。

『ニュース』の最終号には、つぎの一文が「編集後記」として載っている。

「旧若葉小跡地を地域コミュニティーの核となるように一〇年余り取り組んできました。板橋区との話し合い、町会等他団体との連携、地域の皆さんとの懇親会、旧若葉小図工室での音楽会などの催し物等々、今振り返るといろいろなことがありました。結果的には後利用事業者にも恵まれ、跡地が

フラダンス

『避難所となり、住民が利用できる施設が出来、緑化を推進する』内容になりました。板橋区で最大規模の福祉施設です。大いに活用されることを祈念し、今後この施設が地域コミュニティーの中心的存在になっていくものと確信しています。（松木記）」

〈資料〉　「若葉ゆめの園」の概要

旧若葉小跡地に、防災拠点型総合福祉施設としてオープンした「若葉ゆめの園」の概要は、つぎのとおり。
▽①避難所の機能、②地域住民が利用できる施設、③緑の拠点など、「若葉小跡地を考える会」と地域住民の要望にほぼそっている。
▽福祉施設は、特別養護老人ホーム（定員一二〇名）、ショートステイ（定員二〇名）など。
▽避難所としては、福祉避難所二八〇名、一時避難所（八四〇名）。
※備蓄倉庫の拡充。
▽地域活性化のために、集会所、カラオケルームなど。
▽緑化についいては、今まで学校にあった樹木を基本的に存続し、新たに若木を植栽。屋上緑化と屋上庭園、散歩コースなど。

若葉ゆめの園

終章　～エピローグ～

ネジバナ（沿道）

（1）住民の要望と関心をさぐる

■環8アンケート

環8運動が終盤を迎えた二〇一六年五月、環8の会は、沿線住民のみなさんが何を要望し、どんなことを心配しているのか、環8運動にどれほど関心をもっているのか、を尋ねる「環8アンケート」を実施した。

アンケートの結果はつぎのとおり。

○みんなの要望、心配なことは？

大気―四八名、騒音―三七名、振動―二一名、緑―三六名、地盤―二〇名

※回答者七七名、複数回答

○環8運動への関心は？

①関心がある―二九名、②少し関心がある―一八名、③関心がない―四名

※他は無回答

■主な要望、意見

・環8の壁面の蔓（ツル）が枯れている。水をやってください。

・初めて全域を見て回りました。緑はまだ増やすところが相当あります。
・北町若木トンネルの入口の側道に、駐停車の車が目立つ。
・空気が悪い。側道に駐車している（エンジンをかけたまま）。
・環８ができてから、昔と比べて排気ガス、騒音がすごい。もっと緑をふやして。
・防音壁のないところに住んでいるため、騒音に悩まされています。
・換気塔の低周波音に悩まされている。こんな状態では認知症になる。
・地盤が動き出しているようだ。土間の割れ、外壁のクラックなどが見られる。
・首都高の下の道路の騒音がひどい。相生町交差点の大気汚染が心配。
・玄関の地割れがだんだん広がってきています。心配です。
※要望、意見は五三名から寄せられた。騒音の苦情が多い。

（２）三〇年の運動の成果と課題

■残された課題

「環８アンケート」に見られるように、住民の要望、心配は絶えない。

ただ、要求が部分的、局所的になり、沿線住民の構成も変化したことから、運動に以前のような熱気はなくなった。

都・四建は、運動の弱まりをみてとってか、ここ二年余はのらりくらりで、住民要求にまともに応えようとしない。

現在の「私たちの要望」はつぎの七項目だが、四建は「検討中」「予算の範囲内」「来年度以降の工事」などと逃げている。

①枯れた植栽の植え替え（七カ所）。

②緑地・植栽の拡大（とくにみどり歩道橋そば）。

（注）②の「緑地・植栽の拡大」について

環8の会は、四建が「新たな土地の購入はできない」というので、二〇一五年に二つの歩道橋間の西台側の側道に、六〇～八〇平方メートルの緑地新設と壁面緑化を提案した。ここは、周辺に人家がなく、人通りも少ない。

四建は、一時、図面までつくり（二〇一五年七月）、前向き姿勢を示したが、課長が代わるやその姿勢を大きく後退させた。

③若木二―二八のOさん宅が、環8緑地を不法に占拠している問題の是正。

④若木三―一七のSさん宅の地盤沈下問題の解決。

⑤工事被害にたいする損害賠償の早期解決（あと数軒）。

ここに緑地を！

⑥年四回の除草の約束の実行。
⑦若木三―二一のIさん宅の「段差問題」「境界問題」の解決。
　※Iさんの要望は一〇年来の課題。
（注1）キンラン保存地について
　四建は、キンラン保存地を荒れたまま放置し、管理責任を果たしていない。
（注2）去る六月一二日（二〇一九年）、環8の会と四建は懸案事項について協議をおこなった。四建側の三人は、工事第一課長はじめ四月の人事異動で新任されたメンバーで、これまでのかたくなな態度に若干変化が見られた。「聞く耳をもつようになった」とは、参加者の感想。はたして今後どう展開するか。

■成果に確信

三〇年の運動を振り返ってみると、残された課題はあるものの、成果の大きさに確信がわいてくる。
①緑地の確保は、当初の二倍を超える一三、〇〇〇平方メートル。緑量（体積）は約五万立方メートル。このほか、
　相生町交差点の緑地確保は九二八平方メートル。

　中台住宅一〇号棟わきに一、五〇〇平方メートルの緑地をつくり、住民の憩いの場にした。

　枯れた植栽を再三にわたって植え替えさせる。
②相生町交差点に、日本初の一四〇メートルのシェルターと大気浄化装置を設置。
　また、大気測定室を設置させる。

目で見る 環8運動の成果

中台住宅 10 号棟わきの緑地

※は四建作成のパンフより

相生陸橋※

大気測定室

シェルター内吸気口と相生町側出口※

トンネル上部

換気塔

ふれあい歩道橋

若木側の側道

遊歩道

エレベーター

路線バス

③東武東上線との交差を、当初案の掘割からトンネル（北町若木トンネル）に変更し、換気塔を設置（ＳＰＭの除去）。上部を緑地にする。練馬・北町商店街に通じる「板橋練馬ふれあい歩道橋」を実現。

④若木側六〇〇メートルの側道を、ジクザクの構造で通過道路にせず、住民本位の道路にする。壁面を緑化。

⑤側道の基本的な構造をそのままにして、路線バス（練馬駅↑↓赤羽駅）が通る。

⑥補助２４９号線（区道）の下側の道路を、緊急車両以外の進入を認めず、遊歩道にする。壁面を緑化。

⑦道路建設のため立退きを余儀なくされた方は、約三八〇棟（団地・マンションの場合は一棟と計算）。「生活再建ができる立退き補償」にとりくむ。

⑧道路工事による家屋被害にたいする損害賠償問題は、被害軒数が約一七〇軒あったが、現在は未解決が数軒に減った。

⑨二基の歩道橋にエレベーターを設置。歩道橋間の西台側壁面を緑化。

⑩絶滅危惧種・キンランの保存地を確保。

⑪若葉小跡地の住民本位の活用のため、「若葉小跡地を考える会」のみなさんとともに奮闘。

⑫各地の要求実現のためにとりくむ。

（3）三〇周年記念のつどい

■〝緑と環境〟をかかげて三〇年

二〇一八年一一月一一日、「環8運動三〇年記念のつどい」を、板橋区中台地域センターで開催した。参加者は三七名。

環8の会が誕生したのは、一九八八年一一月だから、ちょうど三〇年の節目を迎えた。つどいで、環8運動が三〇年間生き続けた二つの秘密を確認した。

一つは、〝緑と環境〟を守る会員のみなさんの熱意と、沿線に広がった共感のうねりだ。

もう一つは、強大な東京都に立ち向かうために、板橋区・区議会と手を組んで、「2対1」の構図をつくる道を選んだことである。もっとも「2対1」の構図は、たびたび「逆2対1」の構図となった。

さらに、都議、区議、住民運動活動家、学者のみなさんのご協力をいただいた。「若葉小跡地を考える会」とは強い連携をもった。

大気汚染測定東京連絡会、道路住民運動連絡会、東京公害患者と家族の会をはじめ二〇名の方から、心のこもったメッセージが寄せられた。

徳留道信都議会議員

長い間お世話になった二人の方のメッセージを紹介しよう。

○藤田敏夫さん

三〇年の長期間環八道路の環境と緑の保全に取り組んだ皆さんに敬意を表します。（大気汚染測定東京連絡会）

○標《しめぎ》博重さん

団結しての成果は貴重なものです。他の運動の重要な参考になっています。今後も要求貫徹のためがんばって下さい。（道路住民運動連絡会）

■運動はエンドレス

三〇年というのは、成人後の人生の半分に近い。当初の運動を担った方の多くは、この世を去るか、高齢や病気、転居のため、第一線を離れた。

初代事務局長の渡辺章さんが、病気をおして参加されたが、多くのみなさんの感動をよんだ。

つどいの最後に、顧問の山内金久さんが、運動のなかで倒れた方々を偲んで、「千の風になって」を、トランペット演奏をした。

環８の会第 28 回総会（2018 年５月 27 日、若葉ゆめの園）

環8の会は、三一年目の歩みを開始した。
公害道路があるかぎり、運動はエンドレスだ。
住民が監視の目を光らせ、大きな声をあげなければ、環境は守れない。

佐藤　政美（さとう　まさみ）

1935年　福島県伊達市に生まれる。

1954年　山形県立宮内高校卒。東京・板橋の金属工場で働く。労働組合運動に参加。

1967年　日本共産党の東京・板橋地区委員会に勤務。板橋地区委員長、衆院東京九区（中選挙区）選対本部長など。

1990年　日本共産党の東京都委員会に勤務。都委員長、書記長など。2000 年に退職。

2001年　環８道路から住民のくらしと環境を守る会（環８の会）の運動に参加し、2002年より事務局長。

著　書『環８板橋 怒れ住民』（光陽出版社／ 2011年）
『環８板橋 怒れ住民　改訂版』（光陽出版社／ 2013年）
『青春の日の自分史を歩く』（私家本／ 2016年）
『心に残る人たち—四つの墓標』（私家本／ 2016年）

住　所　〒174-0065　東京都板橋区若木3-17-4
E-mail　sm310@jcom.home.ne.jp

環８の会結成三〇年　『私たちの環８物語』　～続『環８板橋　怒れ住民』～

発　行　2019 年 8 月 15 日　第 1 刷

著　者　佐藤　政美
発行者　明石　康徳
発行所　光陽出版社
〒 162-0818　東京都新宿区築地町８番地
Tel　03-3268-7899 ／ Fax　03-3235-0710
印刷・製本　株式会社光陽メディア

ISBN 978-4-87662-620-5 C0036